新手也能順順織！

鉤針 & 棒針的粗針織毛線帽

所謂的CHUNKY KNIT，
是使用目前最受矚目的粗紡毛線進行編織的針織品。
帶有空氣感且溫暖，
織片具有厚度的粗針織毛帽，
絕對是寒冬穿搭必定添上的一件單品。

由於編織進度迅速，
一旦開始製作就能馬上完成，亦是令人欣喜之處。
今年冬天不妨就以粗紡紗編織的毛帽，
享受最富寒季風情的樂趣吧！

CONTENTS

帶2條圍巾的帽子

→ *how to make … P.036*

自兩耳朝下延伸出兩條細長的圍巾，
一款設計獨特的帽子。
將兩條圍巾交叉圍繞於頸前。
不僅是頭部，就連肩頸部分也一併溫暖的
一件高CP值單品。

棒針編織 ✕

〔使用線材〕Hamanaka Sonomono GRAND
　　　　　　Hamanaka Sonomono Loop
〔設計・製作〕佐藤文子

寬版緞帶的平頂小禮帽

→ *how to make ... P.038*

有著端正外形的平頂小禮帽（康康帽），
沿著帽冠圍繞一圈的
寬版羅紋緞帶為其重點裝飾。
使用粗紡紗毛線編織出密實的短針，
即可鉤織出美麗的造型。

鉤針編織 ╱

〔使用線材〕Hamanaka Sonomono GRAND
〔設計・製作〕marshell

三角花樣毛線帽

→ *how to make ... P.040*

以酒紅色與灰色的三角形連接而成，
自帶時髦感的幾何圖案毛線帽。
接縫於帽頂處的大毛球，
是選用具有光澤感的仿毛皮線，
以鉤針編織成球，製作而成。

棒針編織 ╳

〔使用線材〕Hamanaka Men's Club MASTER
Hamanaka Sonomono Loop
〔設計・製作〕marshell

菱紋針織小圓帽

→ how to make ... P.034

以灰色作為織片底色，
再織入白色與淺褐色的菱形花紋，
突顯美麗圖案的一件單品。
完全服貼頭部且無反摺的小圓毛線帽，
是點綴休閒穿搭的特色重點。

棒針編織 ✕

〔使用線材〕Hamanaka Sonomono GRAND
〔設計・製作〕風工房

馬尾帽

→ *how to make ... P.042*

帽口後側設計了釦帶與鈕釦，
作出方便打開扣起的開口。
綁成三股辮或馬尾的頭髮
都能輕易從後側開口穿出，
即使是綁成束的髮型也能俐落時尚地戴上帽子。

棒針編織 ✕

〔使用線材〕Hamanaka Amerry L《極太》
〔設計・製作〕marshell

附口罩的巴拉克拉瓦帽（繽紛多色）

→ how to make ... P.044

巴拉克拉瓦帽可說是時下最夯單品。

光是戴在頭上，就成為兼具禦寒效果的當季流行造型。

口罩部分以鈕釦開闔固定，可視當天的心情自由取下。

只要將帽子往後拉下，就像是風帽一樣。

───────
鉤針編織 ╱
───────

〔使用線材〕Hamanaka Men's Club MASTER

〔設計・製作〕佐藤文子

附口罩的巴拉克拉瓦帽（灰色）

→ *how to make ... P.044*

此作品為P.13的巴拉克拉瓦帽單色版。

織法完全相同。

帽冠的後半部分是以捲針縫

一一接合12片花樣織片組合而成。

是一款創新設計之中又帶著懷舊感的帽子。

鉤針編織 ╱

〔使用線材〕Hamanaka Men's Club MASTER

〔設計・製作〕佐藤文子

鐘型綁帶帽（灰色）

→ *how to make … P.046*

可以完全包覆頭部的綁帶型帽子。
以繩編作為裝飾垂在胸前，
帽子的輪廓線條則是從此處向前、向上延伸。
正後方加入開衩設計，
作成長髮之人也能輕鬆穿戴的款式。

鉤針編織／

〔使用線材〕Hamanaka Amerry L《極太》
〔設計・製作〕marshell

鐘型綁帶帽（綠色）

→ *how to make … P.046*

和P.15顏色不同的帽子。
與自然融為一體的草綠色，
很適合作為散步或戶外活動時的帽子。
具時尚感的深型長帽口，
亦具有遮陽擋風的功能。

鉤針編織 ╱

〔使用線材〕Hamanaka Amerry L《極太》
〔設計・製作〕marshell

艾倫花樣的報童帽

→ *how to make … P.048*

素淨的海軍藍加上雅緻印象的報童帽。
結合長長針的引上針及玉針等數種織法，
製作出愛爾蘭經典的艾倫花樣帽冠。

〔鉤針編織 ╱ ╲〕

〔使用線材〕Hamanaka Men's Club MASTER
〔設計‧製作〕佐藤文子

毛球針織帽

→ *how to make ... P.050*

以二針鬆緊編直線進行的基本款針織帽。
左側作品是在帽口與帽冠進行了換線配色。
可以如圖所示反摺使用，
或是不反摺，完全包覆戴上。

棒針編織 ✕

〔使用線材〕Hamanaka HIFUMI CHUNKY
〔設計・製作〕佐藤文子

愛沙尼亞的連帽圍巾

→ how to make ... P.052

令人想起夜空的深藍色，織入了白色與紅色的雪花圖案。
直接從帽頂延伸織出圍巾的「連帽圍巾」，
是愛沙尼亞流傳至今的針織單品。
既保暖又方便使用的一件好物。

棒針編織 ✕

〔使用線材〕Hamanaka Amerry L《極太》
〔設計〕河合真弓
〔製作〕栗原由美

深型漁夫帽

→ *how to make ... P.054*

以短針為基底的密實編織，
完成了美麗的帽型輪廓。
隨手一戴就能立刻出門的漁夫帽，
絕對是日常生活中不可或缺的必需品。

鉤針編織 ✎

〔使用線材〕Hamanaka Sonomono GRAND
〔設計‧製作〕marshell

炭灰色的貝雷帽
→ *how to make ... P.056*

使用長針的引上編，
鉤織出從貝雷帽中央往外延伸的放射狀線條。
結實堅挺的織片可以輕易調整出配戴時想要的形狀，
令人感到心悅的一件作品。
炭灰色的色調也相當具有質感。

鉤針編織 ╱

〔使用線材〕Hamanaka Amerry L《極太》
〔設計‧製作〕marshell

輕柔蓬鬆的鴨舌帽
→ *how to make ... P.058*

以柔軟花線編織而成的報童帽，
戴上時的線條顯得相當輕柔蓬鬆。
兩側的鈕釦則成為裝飾焦點。
由於線材中紡入了4種顏色的花呢，
隨著編織成形，織片將呈現出有趣的變化。

鉤針編織 ╱

〔使用線材〕Hamanaka ALPACA Marble
〔設計・製作〕marshell

簡約版巴拉克拉瓦帽

→ *how to make ... P.060*

以單色毛線細心編織而成的巴拉克拉瓦帽。
即使是寒冷之日，因為口鼻都完全罩起，
從頭到頸部周圍也都嚴密包覆，因此相當保暖。
亞麻色系的織品，
是不論何種裝扮都能搭配的萬能色彩。

棒針編織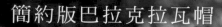

〔使用線材〕Hamanaka Amerry L《極太》
〔設計・製作〕marshell

艾倫花樣貝雷帽

→ *how to make ... P.062*

將P.18報童帽呈現的艾倫花樣
直接改以棒針編織來表現。
羊駝毛與壓克力混紡線獨特的質地，
營造出溫潤且柔和的觸感。

棒針編織 ✕

〔使用線材〕Hamanaka ALPACA Marble
〔設計・製作〕佐藤文子

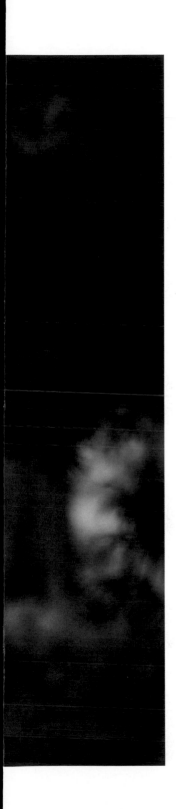

護耳毛帽
→ *how to make ... P.064*

冷風吹拂的寒季裡不可或缺的護耳毛帽，
不但能輕易融入冬季的大人風穿搭，
白色與淺褐色的基本色調也令人心情愉悅。
使用粗毛線的織品具有一定厚度，防寒性能也優異。

棒針編織 ✕

〔使用線材〕Hamanaka Sonomono GRAND
〔設計・製作〕佐藤文子

立體條紋針織帽

→ *how to make ... P.033*

黃色與淺駝色交錯的時尚條紋帽，
選擇能展現立體凹凸層次風格的毛線，
完成了一頂既柔軟又蓬鬆的帽子。
戴上之後織片會往後側垂墜，
微微形成的皺褶呈現出休閒自在的氛圍。

棒針編織 ╳

〔使用線材〕Hamanaka HIFUMI CHUNKY
〔設計・製作〕marshell

立體條紋針織帽

→ *photo ... P.032*

〔線材&工具〕

Hamanaka HIFUMI CHUNKY

黃色（205）115g　淺駝色（203）20g

棒針 8mm

〔完成尺寸〕

頭圍 55cm　帽深 28cm

〔密度〕

10cm正方形＝平面編12針 × 21段

〔織法重點〕

手指掛線起針，以黃色線起58針，頭尾接合成圈，接著編織10段的一針鬆緊編。進行8針加針後，編織37段的花樣編條紋，繼續參照織圖，以黃色線一邊進行分散減針一邊編織平面編。收針段的針目每隔1針穿線2圈後，縮口束緊。

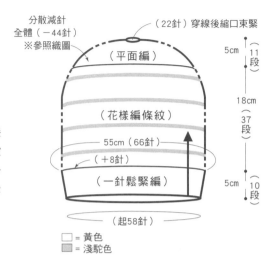

□ = 黃色
▨ = 淺駝色

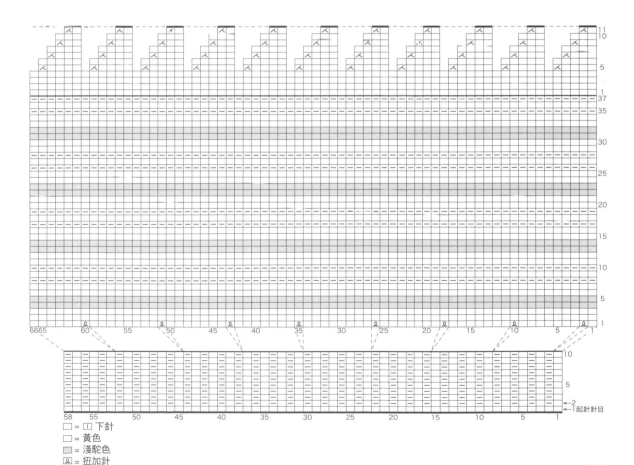

□ = ① 下針
□ = 黃色
▨ = 淺駝色
⊠ = 扭加針

菱紋針織小圓帽

→ *photo ... P.009*

〔線材&工具〕

Hamanaka Sonomono GRAND 灰色（165）50g

白色（161）・淺褐色（163）各5g

棒針 8mm、15號

〔完成尺寸〕

頭圍 51cm 帽深 22cm

〔密度〕

10cm正方形＝平面編12.5針 × 19.5段

〔織法重點〕

手指掛線起針，以灰色線起64針，頭尾接合成圈，接著以15號棒針編織11段的二針鬆緊編。更換成8mm棒針，編織3段平面編後，以橫向渡線編織9段織入花樣。繼續參照織圖，以灰色線一邊進行分散減針一邊編織平面編。收針段的針目每隔1針穿線2圈後，縮口束緊。

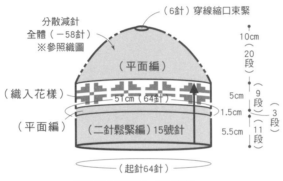

分散減針
全體（－58針）
※參照織圖

（6針）穿線縮口束緊

（平面編）

（織入花樣）

51cm（64針）

（平面編）

（二針鬆緊編）15號針

（起針64針）

10cm
20段

5cm（9段）
1.5cm（3段）

5.5cm（11段）

※除指定外皆以8mm棒針編織。
※織入花樣以外皆以灰色線編織。

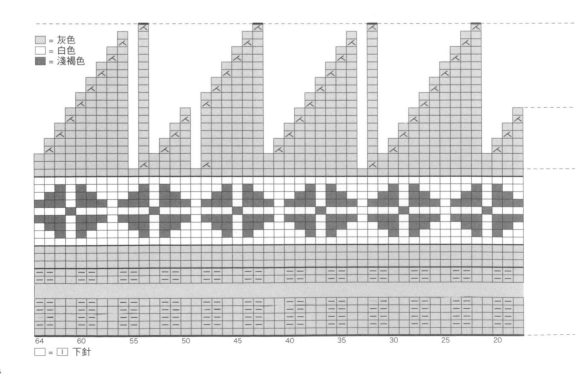

= 灰色
= 白色
= 淺褐色

64　60　55　50　45　40　35　30　25　20

□ = Ⅰ 下針

※ 接續 P.37 帶 2 條圍巾的帽子

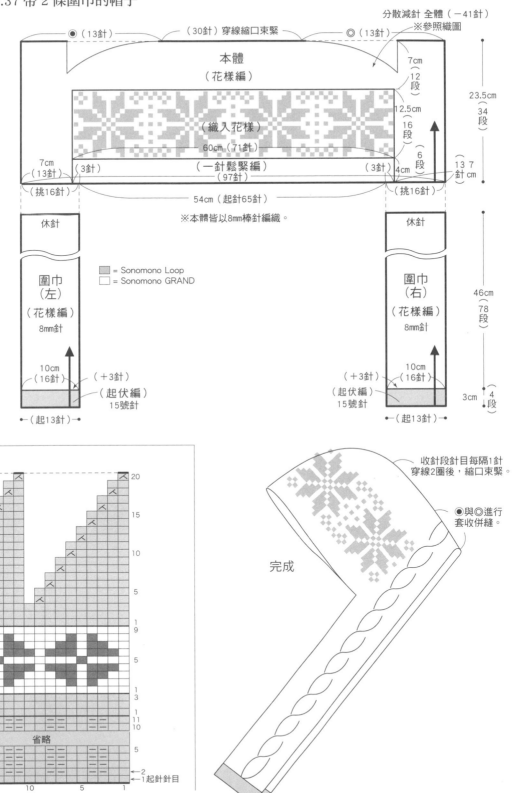

分散減針 全體（－41針）
※參照織圖

◎（13針）　（30針）穿線縮口束緊　◎（13針）

本體
（花樣編）

（織入花樣）

60cm（71針）

7cm
12段

12.5cm
16段

6段

23.5cm
34段

7cm
（13針）　（3針）　　（一針鬆緊編）　　（3針）　4cm　13　7
（97針）　　　　　　　　　　　　　　針　cm

（挑16針）　　　　　　　　　　　　　　　　　（挑16針）

54cm（起針65針）

※本體皆以8mm棒針編織。

休針

圍巾
（左）
（花樣編）
8mm針

= Sonomono Loop
= Sonomono GRAND

10cm
（16針）　（＋3針）

（起伏編）
15號針

←（起13針）→

休針

圍巾
（右）
（花樣編）
8mm針

46cm
（78段）

（＋3針）　10cm
（16針）

（起伏編）
15號針

3cm　4段

←（起13針）→

20
15
10
5
1
9
5
1
3
1
11
10
5

省略

5

2
1起針針目

15　　10　　5　　1

收針段針目每隔1針
穿線2圈後，縮口束緊。

完成

●與◎進行
套收併縫。

035

帶 2 條圍巾的帽子

→ photo ... P.004

〔線材&工具〕

Hamanaka Sonomono GRAND 灰色（165）210g

Hamanaka Sonomono Loop 原色（51）40g

棒針8mm、15號

〔完成尺寸〕

圍巾部分 長49cm、寬10cm

帽口圍54cm、帽深23.5cm

〔密度〕

10cm正方形＝花樣編15針 × 17段（圍巾部分）、

織入花樣12針 × 13段

〔織法重點〕

※操作圖與完成圖請見P.35。

從圍巾兩端開始分別編織。手指掛線起針，使用15號

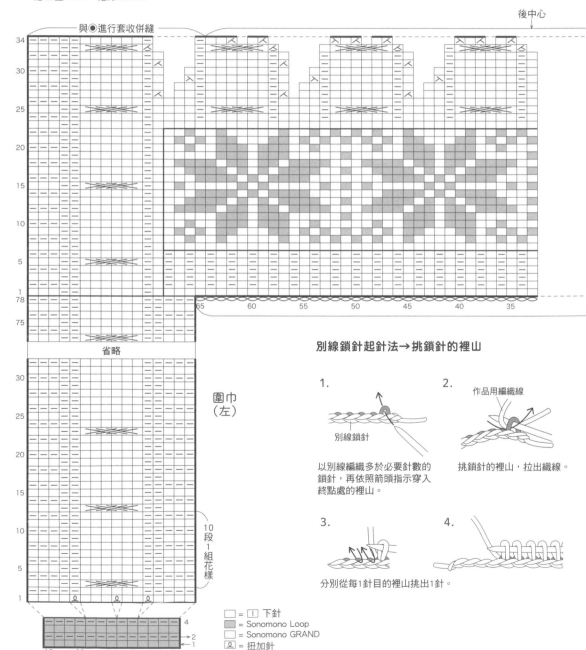

別線鎖針起針法→挑鎖針的裡山

1.
別線鎖針

以別線編織多於必要針數的
鎖針，再依照箭頭指示穿入
終點處的裡山。

2.
作品用編織線

挑鎖針的裡山，拉出織線。

3.

分別從每1針目的裡山挑出1針。

4.

□ = 囗 下針
▨ = Sonomono Loop
□ = Sonomono GRAND
Ω = 扭加針

棒針以Sonomono Loop編織4段起伏編。接著改以8mm棒針和Sonomono GRAND編織78段花樣編，之後暫休針。再以相同作法，編織另一側的圍巾織片。

使用Sonomono GRAND進行鎖針起針65針，開始編織本體。依序在右圍巾的休針→鎖針起針的裡山→左圍巾休針針目上挑針，以8mm棒針編織花樣編與一針鬆緊

編。接著編織花樣編及橫向渡線的織入花樣，但是與花樣編的邊界處，則是將配色線縱向渡線後繼續編織。接著一邊進行分散減針，一邊編織花樣編。由於花樣編的後中心與收針的2段為不規則狀，因此請多加留意。收針段的針目，圍巾部分進行套收併縫，其餘針目每隔1針穿線2圈後，縮口束緊。

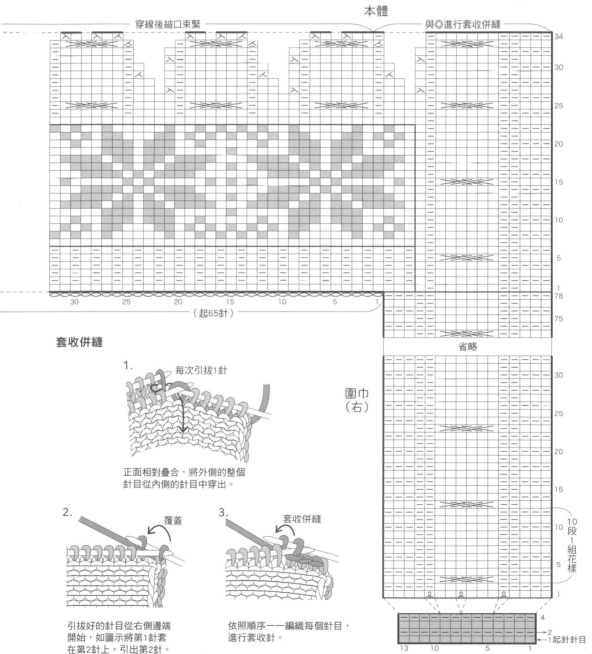

套收併縫

1.
每次引拔1針

正面相對疊合，將外側的整個針目從內側的針目中穿出。

2.
覆蓋

引拔好的針目從右側邊端開始，如圖示將第1針套在第2針上，引出第2針。

3.
套收併縫

依照順序一一編織每個針目，進行套收針。

本體

穿線後縮口束緊

與◎進行套收併縫

（起65針）

圍巾（右）

10段1組花樣

省略

起針針目

037

寬版緞帶的平頂小禮帽

→ *photo … P.006*

〔線材&工具〕

Hamanaka Sonomono GRAND 淺褐色（163）150g

鉤針10/0號

羅紋緞帶（寬36mm）100cm

〔完成尺寸〕

頭圍57.5cm　帽深8.5cm

〔密度〕

10cm正方形＝短針12.5針 × 15段

〔織法重點〕

輪狀起針，從帽頂中心開始，鉤織1針鎖針作為立起針後織入短針。參照織圖，一邊加針一邊鉤織短針，形成一圈一圈的輪狀。不加減針編織帽冠，一邊加針一邊編織帽簷。收針段鉤織引拔針修飾針目。接縫緞帶後即完成。

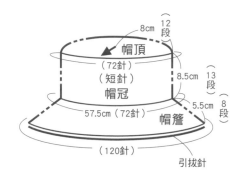

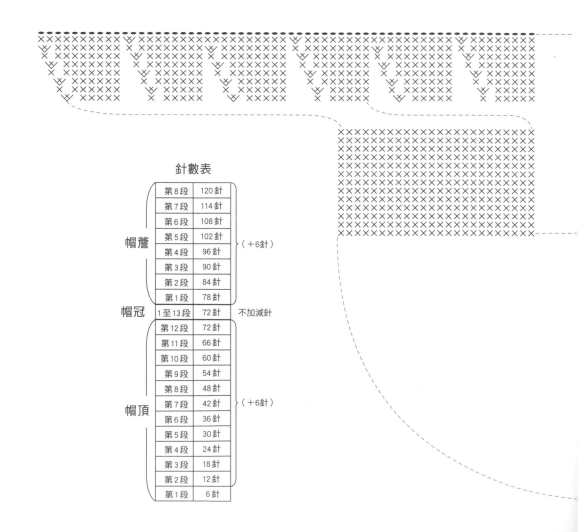

針數表

帽簷	第8段	120針	
	第7段	114針	
	第6段	108針	
	第5段	102針	（＋6針）
	第4段	96針	
	第3段	90針	
	第2段	84針	
	第1段	78針	
帽冠	1至13段	72針	不加減針
帽頂	第12段	72針	
	第11段	66針	
	第10段	60針	
	第9段	54針	
	第8段	48針	
	第7段	42針	（＋6針）
	第6段	36針	
	第5段	30針	
	第4段	24針	
	第3段	18針	
	第2段	12針	
	第1段	6針	

緞帶接縫方法

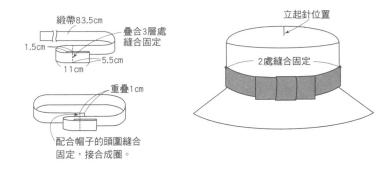

緞帶83.5cm

1.5cm

11cm

5.5cm

疊合3層處
縫合固定

重疊1cm

配合帽子的頭圍縫合
固定，接合成圈。

以裁剪成9.5cm的緞帶纏繞
蝴蝶結中央，在背面縫合固定。

立起針位置

2處縫合固定

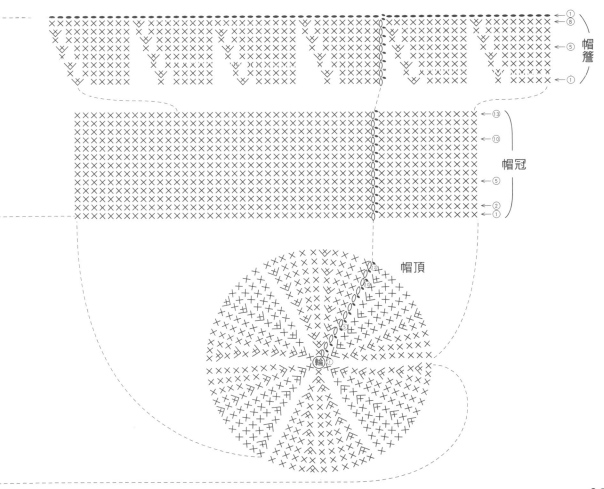

帽簷

① ← 8

← ⑤

← ①

帽冠

⑬

⑩

⑤

②
①

帽頂

輪①

三角花樣毛線帽

→ photo ... P.008

〔線材&工具〕

Hamanaka Men's Club MASTER 酒紅色（9）75g

灰色（56）30g

Hamanaka LUPO 灰色系（2）20g

棒針12號、10號　鉤針7mm

〔完成尺寸〕

頭圍53cm　帽深24.5cm

〔密度〕

10cm正方形＝一針鬆緊編19.5針×23段、織入花樣
17針×18段

〔織法重點〕

本體使用Men's Club MASTER編織。手指掛線起針，以酒紅色線起90針，頭尾接合成圈，使用10號棒針編織30段的一針鬆緊編。接著改換成12號棒針，以橫向渡線編織27段的織入花樣，最後以酒紅色線進行分散減針的平面編。收針段的針目每隔1針穿線2圈後，縮口束緊。帽頂毛球使用LUPO線鉤織鎖針起針，接合成圈後挑束織入短針。參照織圖鉤織完成後，填充線頭等塑形成圓球狀，最終段針目同樣穿線後縮口束緊。將毛球接縫於帽頂上即完成。

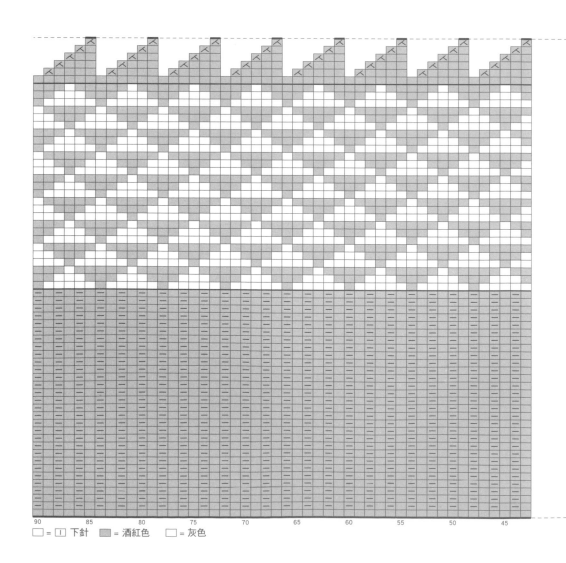

☐ = | 下針　▨ = 酒紅色　☐ = 灰色

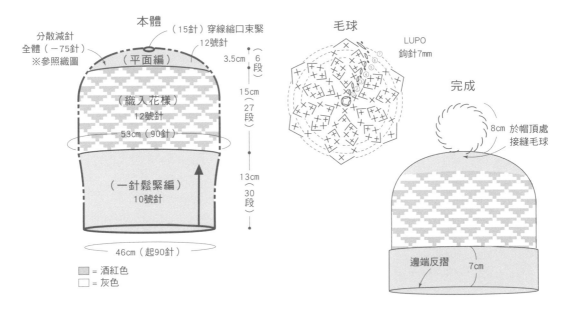

本體
（15針）穿線縮口束緊
12號針
分散減針
全體（－75針）
※參照織圖
（平面編）
3.5cm（6段）
（織入花樣）
12號針
15cm（27段）
53cm（90針）
（一針鬆緊編）
10號針
13cm（30段）
46cm（起90針）

■ = 酒紅色
□ = 灰色

毛球
LUPO
鉤針7mm

完成
8cm 於帽頂處
接縫毛球
邊端反摺　7cm

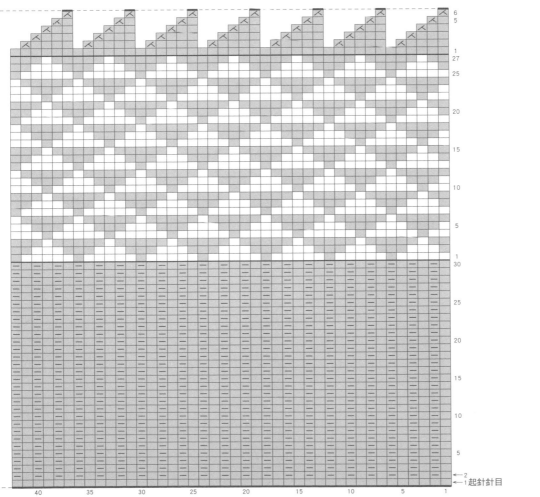

馬尾帽

→ photo ... P.010

〔線材&工具〕

Hamanaka Amerry L《極太》淺駝色（102）115g

棒針14號

鈕釦（直徑25mm）1個

〔完成尺寸〕

頭圍58cm　帽深24cm

〔密度〕

10cm正方形＝花樣編19針×19段、起伏編14針×28段

〔織法重點〕

從釦帶（帽口）開始編織，手指掛線起針79針，頭尾接合成圈，編織起伏編。在第5段製作釦眼，編織8段後，在下一段起點的前7針作套收針，接著繼續編織本體。參照織圖在第1段進行加針，再以往復編進行起伏編與花樣編。第13段接合成圈，之後皆作輪編。依織圖進行帽頂部分的分散減針，收針段的針目每隔1針穿線2圈後，縮口束緊。於釦帶另一端接縫鈕釦即完成。

▨ = 與織段起點的下一段交叉編織

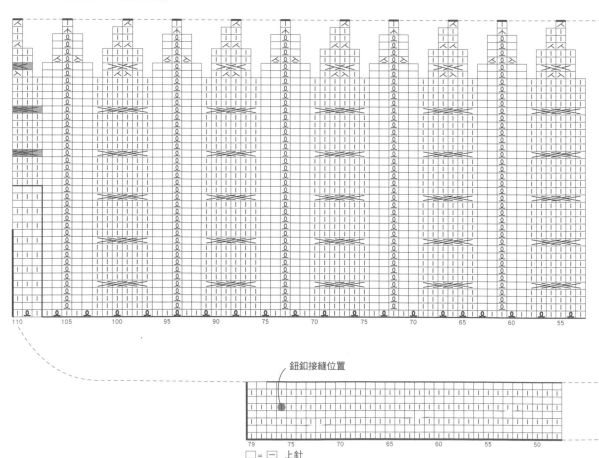

鈕釦接縫位置

□ = − 上針

⚄ = 扭加針

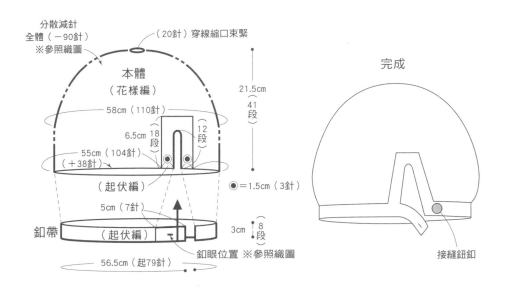

分散減針
全體（-90針）
※參照織圖

（20針）穿線縮口束緊

本體
（花樣編）

完成

58cm（110針）

21.5cm
41
段

6.5cm 18
段

12
段

55cm（104針）
（+38針）

（起伏編）

◉＝1.5cm（3針）

5cm（7針）

釦帶

（起伏編）

3cm 8
段

釦眼位置 ※參照織圖

56.5cm（起79針）

接縫鈕釦

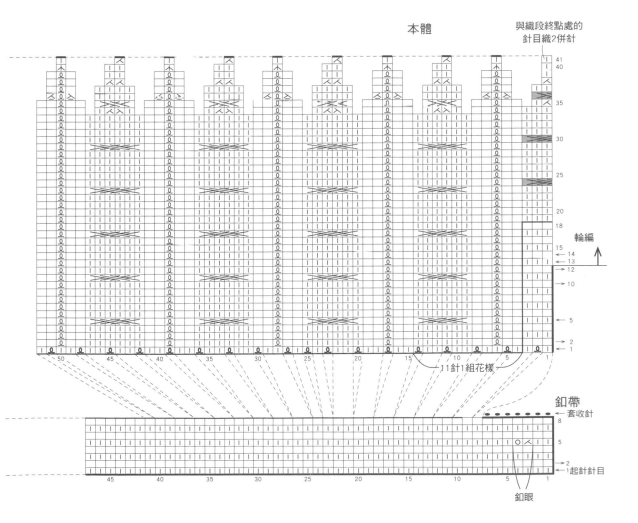

本體

與織段終點處的
針目織2併針

41
40

35

30

25

20

18

輪編

15
14
13
12

10

5

2
1

50   45   40   35   30   25   20   15   10   5   1

11針1組花樣

釦帶

套收針

8

5

2
1起針針目

釦眼

45   40   35   30   25   20   15   10   5   1

附口罩的巴拉克拉瓦帽

→ photo … P.012~014

〔線材&工具〕

Hamanaka Men's Club MASTER

P.14 灰色（56）140g

P.12 酒紅色（9）60g 灰色（56）・粉紅色（76）各40g

鉤針9/0號、8/0號

鈕釦（直徑13mm）3個

〔完成尺寸〕

臉圍57cm 帽深30cm

〔密度〕

10cm正方形＝花樣編12針×6段

〔織法重點〕

P.14款無配色、P.12款為配色編織，除釦帶以外皆以9/0號鉤針編織。

從帽子本體的織片開始鉤織。輪狀起針，依織圖鉤織必要的織片數量，再以半針的捲針縫併縫接合。帽頂是在織片C挑針鉤織。臉圍則是從本體織片的側邊挑針，編織條紋花樣編。釦帶是沿本體織片與臉圍挑針，鉤織短針，在第1段的終點處接續鉤織12針鎖針，第2段挑鎖針的裡山編織，依織圖進行並製作釦眼，最後縫上鈕釦即完成。

口罩（織圖見P.65）為鎖針起針12針，挑鎖針裡山鉤織條紋花樣編。緣編是沿條紋花樣編挑針進行輪編，鉤織短針與短針的筋編（挑前段針目的針頭外側半針鉤織短針），最終段鉤織一圈引拔針。口罩的釦眼是利用花樣的鏤空處。

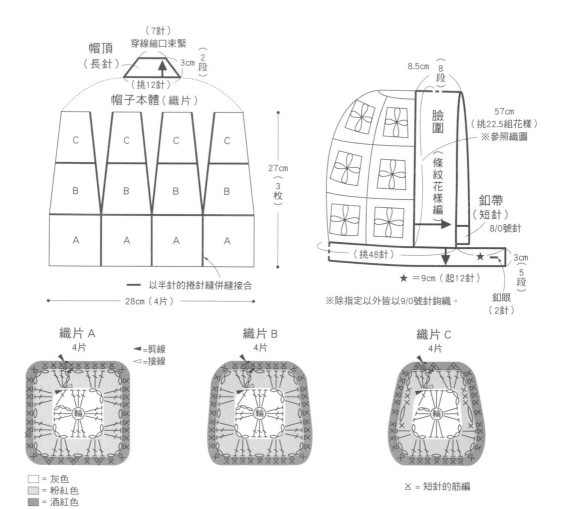

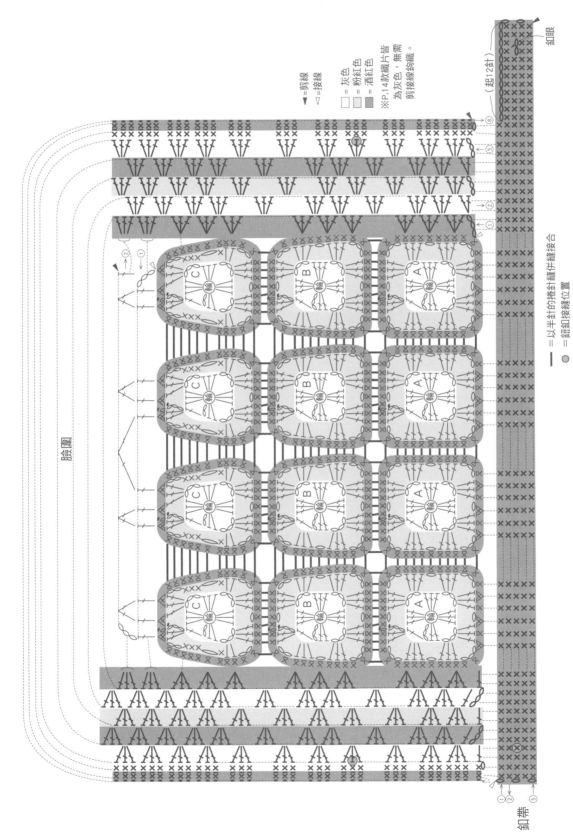

▶ =剪線
▷ =接線

□ =灰色
□ =粉紅色
■ =酒紅色

※以P.14款織片皆需
為灰色,無接線鉤織
剪線接縫位置。

━ =以半針的捲針縫併縫接合

● =鈕釦接縫位置

釦眼

(起12針)

臉圍

釦帶

045

鐘型綁帶帽

→ *photo ... P.015~017*

〔線材&工具〕

Hamanaka Amerry L《極太》

P.15 灰色（112）、P.16 綠色（114）皆為140g

鉤針10/0號

〔完成尺寸〕

臉圍62cm　帽深31cm

〔密度〕

10cm正方形＝花樣編B 12針×10.5段　花樣編A 13針‧

5.5cm 5段

〔織法重點〕

本體為鎖針起針81針，挑鎖針的裡山鉤織往復編的花樣編A。繼續鉤織花樣編B，參照織圖一邊減針一邊鉤織10段，從第11段開始兩端接合成圈，進行輪編。最終段的所有針目穿線後縮口束緊。沿往復編的織段起點與終點側鉤織短針修飾，在綁帶接線處穿入織線，鉤織繩編（織法見P.49）作為綁帶。

針數表

花樣編B	第10段	9針	（−8針）
	第9段	17針	不加減針
	第8段	17針	（−16針）
	第7段	33針	不加減針
	第6段	33針	（−32針）
	第5段	65針	
	第4段	65針	
	第3段	65針	
	第2段	65針	不加減針
	第1段	65針	
	第10段	65針	
	第9段	65針	
花樣編A	第8段	65針	
	第7段	67針	
	第6段	69針	
	第5段	71針	
	第4段	73針	（−2針）
	第3段	75針	
	第2段	77針	
	第1段	79針	
	第1~5段	81針	不加減針

長針的筋編
短針的筋編

挑前段的內側半針編織
（在正面鉤織時挑外側，
在背面鉤織時挑內側）。

接續起針側
的☆鉤織

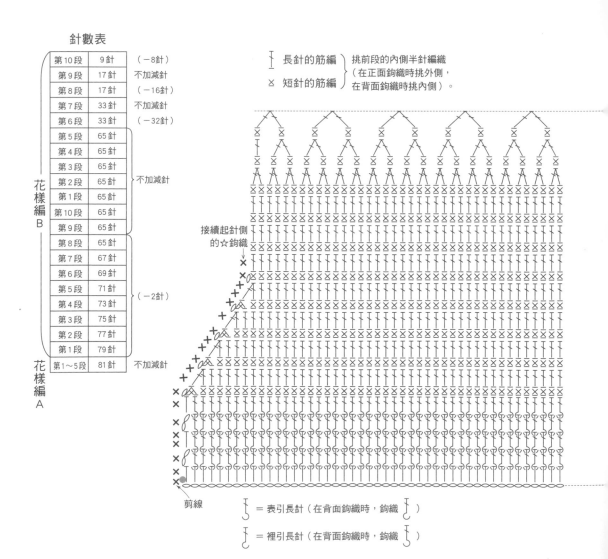

剪線

$\}$ ＝ 表引長針（在背面鉤織時，鉤織 $\{$ ）

$\}$ ＝ 裡引長針（在背面鉤織時，鉤織 $\{$ ）

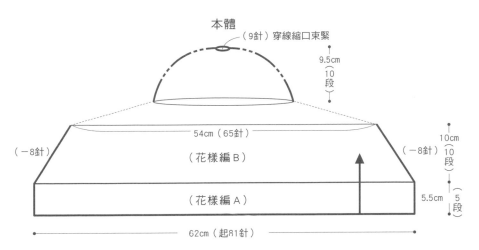

本體

（9針）穿線縮口束緊

9.5cm
10
段

54cm（65針）

（花樣編 B）

（－8針）

（－8針）

10cm
10
段

（花樣編 A）

5.5cm
5
段

62cm（起81針）

完成方法

（短針）

（挑13針）　（挑13針）

（挑7針）　（挑7針）

1cm
1
段

50cm

綁帶
（繩編）

15cm（20針）

9cm

打單結

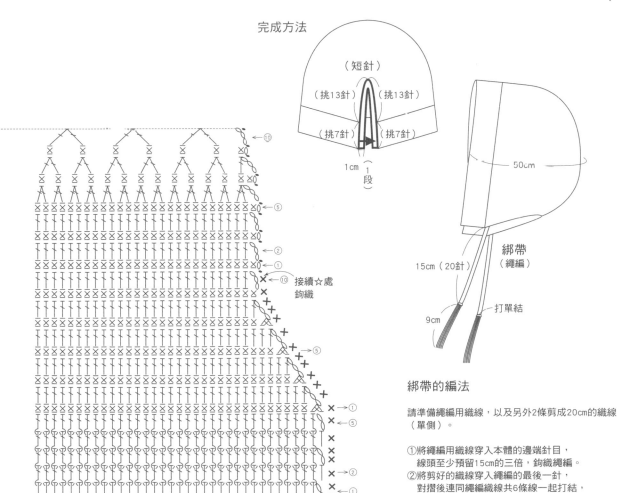

⑩

⑤

②
①

⑩ 接續☆處
鉤織

⑤

① ×
⑤ ×

② ×
① ×

●＝綁帶接線處

接線

①

短針

綁帶的編法

請準備繩編用織線，以及另外2條剪成20cm的織線
（單側）。

①將繩編用織線穿入本體的邊端針目，
　線頭至少預留15cm的三倍，鉤織繩編。
②將剪好的織線穿入繩編的最後一針，
　對摺後連同繩編織線織線共6條線一起打結，
　再修齊尾端即可。

20cm 2條

艾倫花樣的報童帽

→ photo ... P.018

〔線材&工具〕

Hamanaka Men's Club MASTER

海軍藍（7）150g

鉤針9/0號

〔完成尺寸〕

頭圍51cm　帽深21.5cm

〔密度〕

10cm正方形＝花樣編A 13針×10段

〔織法重點〕

本體為鎖針起針66針，頭尾接合成圈，挑鎖針的裡山鉤織往復編的花樣編A，參照織圖進行加減針。最終段的所有針目穿線後縮口束緊。緣編則是挑本體第1段的短針針腳，鉤織長針的引上針，並且參照織圖，繼續在緣編上鉤織帽簷。

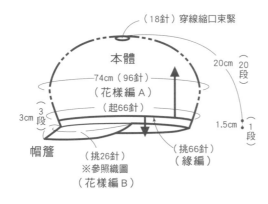

（18針）穿線縮口束緊

本體

74cm（96針）

（花樣編A）

（起66針）

20cm 20段

3cm 3段

1.5cm 1段

帽簷

（挑26針）

※參照織圖

（花樣編B）

（挑66針）

（緣編）

帽簷第1段

┬ 長針的筋編

I 中長針的筋編

× 短針的筋編

}挑前段的內側半針鉤織。

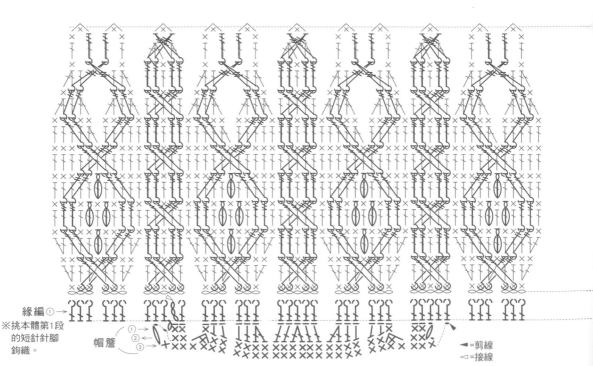

緣編①

※挑本體第1段的短針針腳鉤織。

帽簷 ①→ ②→ ③→

◀=剪線

◁=接線

繩編

1.

線端織線預留完成尺寸的
3倍線長，鉤織1針鎖針。

2.

預留的織線由內往外掛線，
線球端的織線則由外往
內掛在針上，引拔。

3.

重複步驟1、2。

4.

本體

表引長長針
挑指定位置針目的針腳，鉤織長長針。

表引長長針右上 2 針交叉
挑指定位置針目的針腳，鉤織表引長長針時，依照1至4的順序編織。
3、4的針目在1、2的針目上方作交叉。

表引長長針的 2 併針
分別在指定位置的2針目，挑針腳鉤織長長針，第1針鉤至未完成的長長針後，
直接挑針鉤織第2針的長長針，最後再一起引拔線圈，織成2併針。

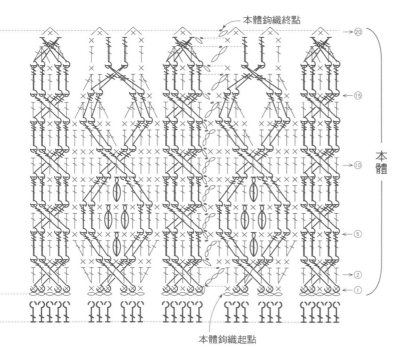

本體針數表

第20段	18針	（−18針）
第19段	36針	不加減針
第18段	36針	（−18針）
第17段	54針	不加減針
第16段	54針	（−12針）
第15段	66針	不加減針
第14段	66針	（−24針）
第13段	90針	不加減針
第12段	90針	（−6針）
5至11段	96針	不加減針
第4段	96針	（＋12針）
第3段	84針	不加減針
第2段	84針	（＋18針）
第1段	66針	

本體鉤織終點

本體

本體鉤織起點

毛球針織帽

→ *photo ... P.021*

〔線材&工具〕

Hamanaka HIFUMI CHUNKY

a 淺駝色（203）115g

b 黃色（205）80g、灰色（208）40g

棒針15號

〔完成尺寸〕

頭圍46cm　帽深27cm（無反摺的狀態）

〔密度〕

10cm正方形＝二針鬆緊編 14針×17段

〔織法重點〕

手指掛線起針（b為灰色），起64針頭尾接合成圈，編織3段花樣編。接著編織二針鬆緊編，b款進行9段後，更換成黃色線編織。參照織圖進行分散減針，收針段的針目每隔1針穿線2圈後，縮口束緊。製作毛球接縫於帽頂即完成。

（8針）穿線縮口束緊

分散減針
全體（－56針）
※參照織圖

（二針鬆緊編）

25cm
（43段）

（二針鬆緊編）

46cm（64針）

5cm
（9段）

2cm
（3段）

（花樣編）

（起64針）

■＝b 灰色
□＝b 黃色
※ a 款皆以淺駝色編織。

完成

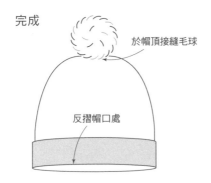

於帽頂接縫毛球

反摺帽口處

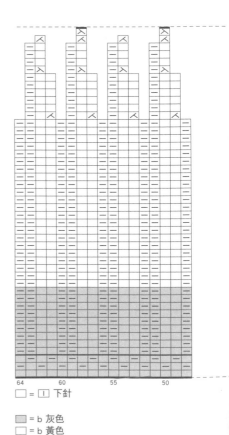

64　　60　　　55　　　50

□＝│ 下針

■＝b 灰色
□＝b 黃色
※ a 款皆以淺駝色編織。

毛球的作法

8.5cm
厚紙板

a 繞線50圈。

b 取黃色線2條、
灰色線1條,
3條織線繞線15圈。

中央處打結束緊,
剪斷兩端線圈處。

修剪成圓球狀。

7.5cm

※ ⟋ 與前段的最後一針作2併針。

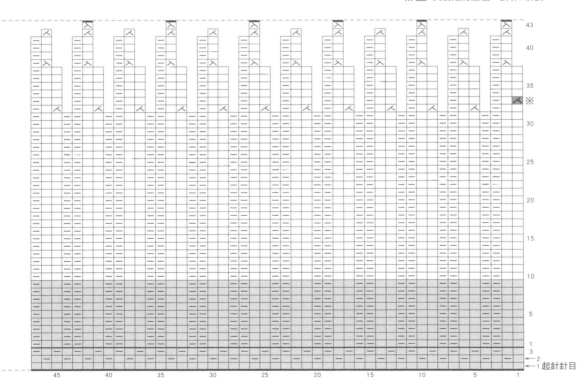

43

40

35

※

30

25

20

15

10

5

1
3
2
←1 起針針目

45   40   35   30   25   20   15   10   5   1

愛沙尼亞的連帽圍巾

〔線材&工具〕

Hamanaka Amerry L《極太》 藍色（107）270g

白色（101）30g 紅色（106）20g

棒針13號、12號

〔完成尺寸〕

頭圍53cm 帽深21cm 圍巾的長度112cm

（不含毛球）、寬度15cm

〔密度〕

10cm正方形＝織入花樣 14針×15段、花樣編 12針
×20段

〔織法重點〕

本體帽口開始編織。手指掛線起針，以藍色線起72針
接合成圈，使用12號棒針編織6段二針鬆緊編。之後改
換13號棒針，以橫向渡線的織入花樣編織23段，一邊
分散減針一邊編織5段平面編。圍巾部分是直接接續本
體，進行輪狀的花樣編。收針段的針目穿線後，縮口
束緊。製作毛球，接縫在圍巾末端即完成。

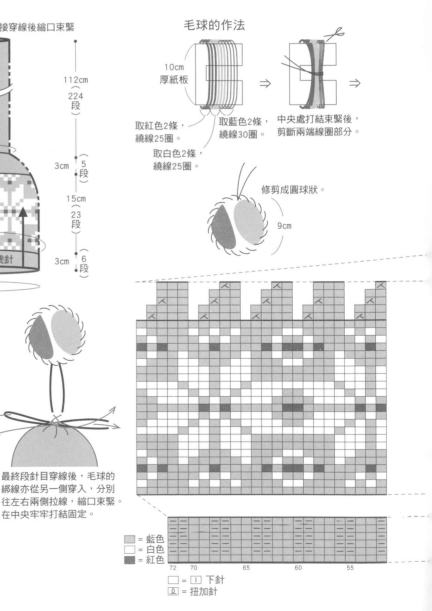

毛球的作法

10cm
厚紙板

取紅色2條，
繞線25圈。

取藍色2條，
繞線30圈。

取白色2條，
繞線25圈。

中央處打結束緊後，
剪斷兩端線圈部分。

修剪成圓球狀。

9cm

針目直接穿線後縮口束緊

圍巾

（花樣編）
13號針

30cm（36針）

（平面編）

本體
13號針

（織入花樣）

53cm（75針）
（＋3針）

（二針鬆緊編）12號針

（起72針）

112cm
（224
段）

3cm（5段）

15cm
23段

3cm（6段）

分散減針
全體（－39針）
※參照織圖

完成

打結後的線端
穿入毛球中
藏起。

最終段針目穿線後，毛球的
綁線亦從另一側穿入，分別
往左右兩側拉線，縮口束緊。
在中央牢牢打結固定。

■ = 藍色
□ = 白色
■ = 紅色

72 70 65 60 55

□ = ① 下針
Q = 扭加針

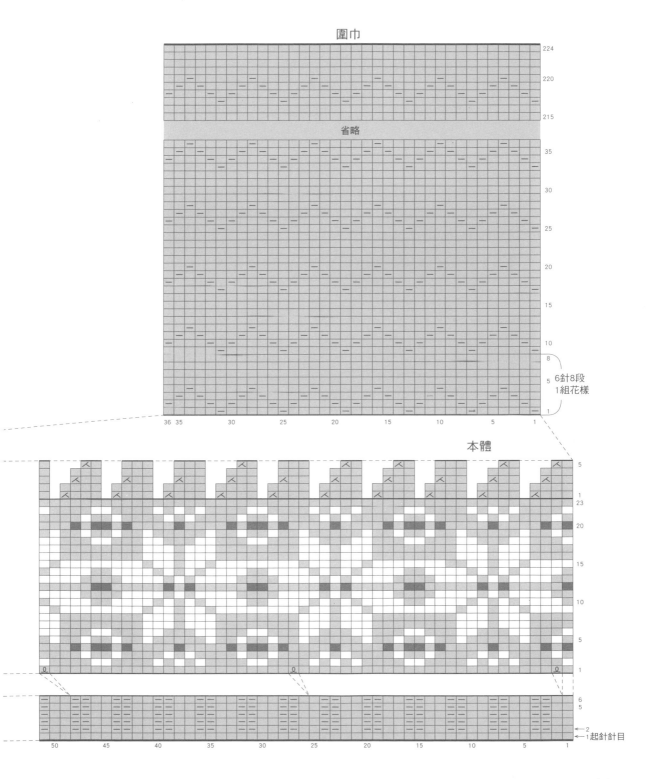

圍巾

224

220

215

省略

35

30

25

20

15

10

8

6針8段
1組花樣

5

1

36 35　　30　　25　　20　　15　　10　　5　　1

本體

5

1

23

20

15

10

5

1

6
5

2
1起針針目

50　　45　　40　　35　　30　　25　　20　　15　　10　　5　　1

深型漁夫帽

→ photo ... P.024

〔線材&工具〕

Hamanaka Sonomono GRAND 灰色（165）165g

鉤針 7mm

〔完成尺寸〕

頭圍55cm　帽深24cm

〔密度〕

10cm正方形＝短針 12針×14段、花樣編10cm 12針，

7cm 7段

〔織法重點〕

輪狀起針，從帽頂中心開始，鉤織1針鎖針作為立起針後織入短針，參照織圖，一邊加針一邊鉤織，形成一圈一圈的輪狀。不加減針鉤織帽冠，接著再進行花樣編的加針鉤織帽簷。

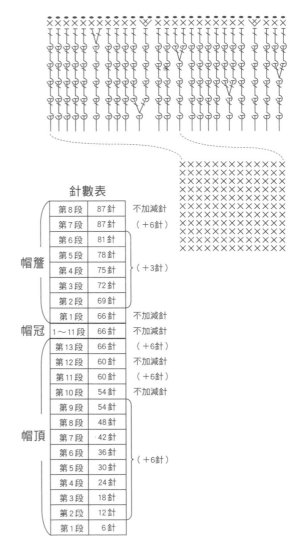

針數表

帽簷	第8段	87針	不加減針
	第7段	87針	（＋6針）
	第6段	81針	
	第5段	78針	
	第4段	75針	（＋3針）
	第3段	72針	
	第2段	69針	
	第1段	66針	不加減針
帽冠	1～11段	66針	不加減針
帽頂	第13段	66針	（＋6針）
	第12段	60針	不加減針
	第11段	60針	（＋6針）
	第10段	54針	不加減針
	第9段	54針	
	第8段	48針	
	第7段	42針	
	第6段	36針	（＋6針）
	第5段	30針	
	第4段	24針	
	第3段	18針	
	第2段	12針	
	第1段	6針	

2 表引長針的加針

挑前段的長針針腳，
織入2針表引長針。

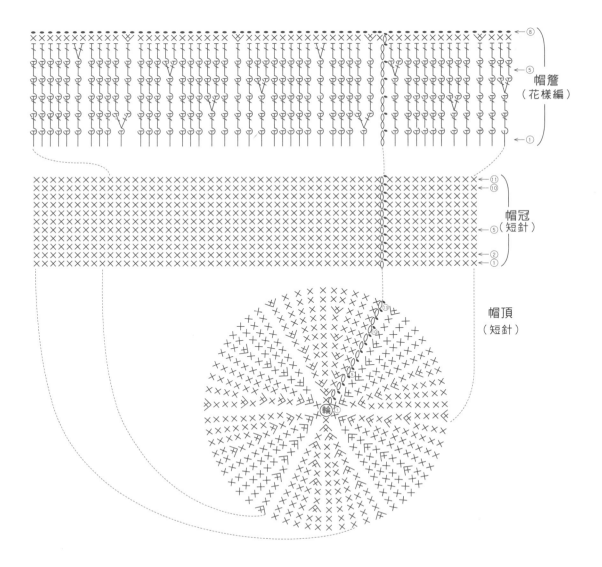

帽簷
（花樣編）

帽冠
（短針）

帽頂
（短針）

炭灰色的貝雷帽

→ photo ... P.025

〔線材&工具〕

Hamanaka Amerry L《極太》

炭灰色（111）115g

鉤針10/0號

〔完成尺寸〕

頭圍53cm　帽深21cm

〔密度〕

10cm正方形＝花樣編 12針×10段

〔織法重點〕

輪狀起針，從帽頂中心開始，鉤織2針鎖針作為立起針後織入中長針。參照織圖進行花樣編的加針與減針，形成一圈一圈的輪狀。接著鉤織短針的筋編（挑前段針頭的外側半針，鉤織短針）。

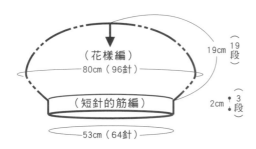

（花樣編）
80cm（96針）
19cm（19段）

（短針的筋編）
2cm（3段）

53cm（64針）

針數表

1～3段	64針	不加減針
第19段	64針	
第18段	72針	（－8針）
第17段	80針	
第16段	88針	不加減針
第15段	88針	（－8針）
第14段	96針	不加減針
第13段	96針	
第12段	96針	
第11段	88針	
第10段	80針	
第9段	72針	
第8段	64針	
第7段	56針	（＋8針）
第6段	48針	
第5段	40針	
第4段	32針	
第3段	24針	
第2段	16針	
第1段	8針	

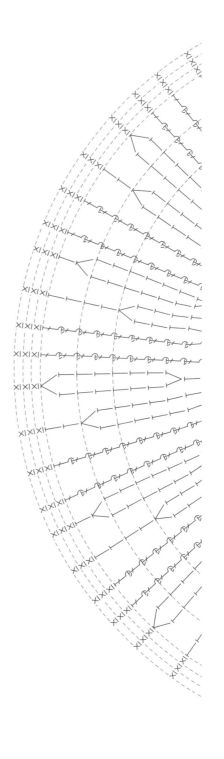

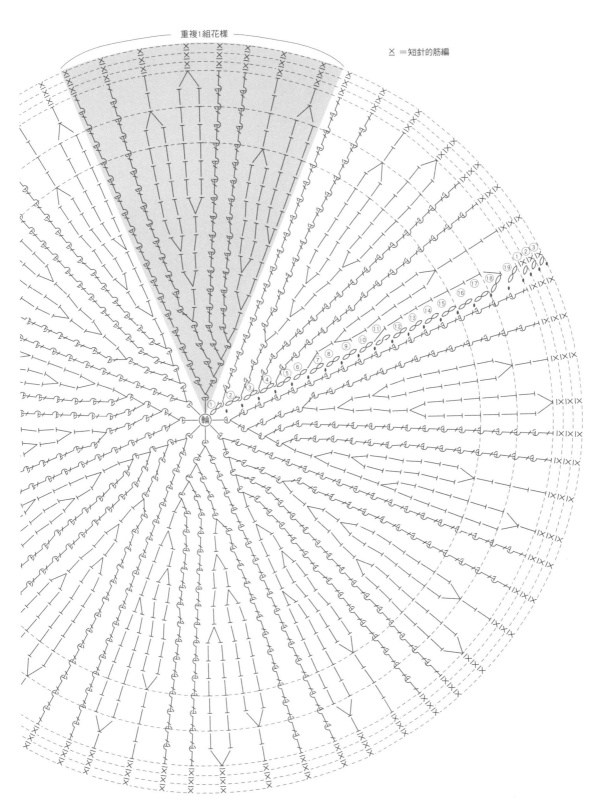

重複1組花樣

✕ ＝短針的筋編

輕柔蓬鬆的報童帽

→ *photo ... P.026*

〔線材&工具〕

Hamanaka ALPACA Marble

水藍色系（4）70g

鉤針10/0號、8/0號

鈕釦（直徑20mm）2個

〔完成尺寸〕

頭圍53.5cm　帽深21cm

〔密度〕

10cm正方形＝短針 13針×16段

〔織法重點〕

輪狀起針，從帽頂中心開始，以10/0號鉤針鉤1針鎖針作為立起針後織入短針。參照織圖進行加針，形成一圈一圈的輪狀。帽冠先不加減針進行鉤織，再依織圖減針。帽簷使用8/0號鉤針，在指定位置接線後挑針，以往復編進行鉤織。帽緣則是在織段起點處接線，鉤織1圈短針修飾。最後縫上裝飾釦即完成。

針數表

帽冠	第14段	78針	（−6針）
	第13段	84針	（−6針）
	第12段	90針	不加減針
	第11段	90針	（−6針）
	第10段	96針	不加減針
	第9段	96針	（−6針）
	1〜8段	102針	不加減針

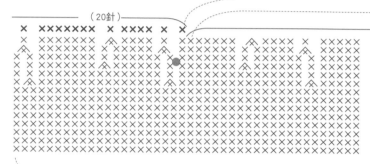

（20針）

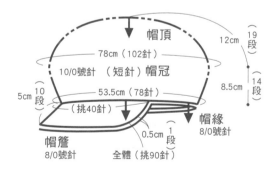

帽頂	第19段	102針	
	第18段	96針	
	第17段	90針	（+6針）
	第16段	84針	
	第15段	78針	
	第14段	72針	不加減針
	第13段	72針	
	第12段	66針	
	第11段	60針	（+6針）
	第10段	54針	
	第9段	48針	
	第8段	42針	不加減針
	第7段	42針	
	第6段	36針	
	第5段	30針	（+6針）
	第4段	24針	
	第3段	18針	
	第2段	12針	
	第1段	6針	

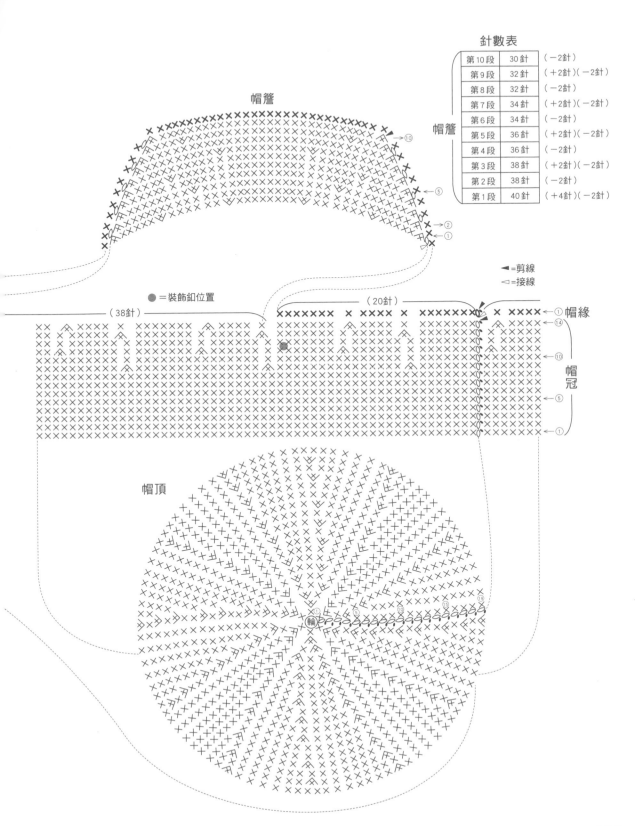

針數表

段	針數	
第10段	30針	（−2針）
第9段	32針	（＋2針）（−2針）
第8段	32針	（−2針）
第7段	34針	（＋2針）（−2針）
第6段	34針	（−2針）
第5段	36針	（＋2針）（−2針）
第4段	36針	（−2針）
第3段	38針	（＋2針）（−2針）
第2段	38針	（−2針）
第1段	40針	（＋4針）（−2針）

帽簷

帽簷

●＝裝飾釦位置

◀＝剪線
◁＝接線

（38針）

（20針）

帽緣

帽冠

帽頂

輪

簡約版巴拉克拉瓦帽

→ *photo ... P.028*

〔線材&工具〕

Hamanaka Amerry L《極太》

淺駝色（102）160g

棒針15號

〔完成尺寸〕

頭圍54cm　帽深40cm（不含毛球）

〔密度〕

10cm正方形＝花樣編 15針×18段

〔織法重點〕

手指掛線起針81針接合成圈，編織花樣編。第37段編織21針後，休針39針，並且在事先織好的別線鎖針裡山挑39針。繼續編織21針後，參照織圖進行帽頂的分散減針，收針段的針目每隔1針穿線2圈後，縮口束緊。解開露眼部位的別線鎖針，並且在兩端各挑1針，連同休針部分共作80針套收針。製作毛球，接縫在帽頂上即完成。

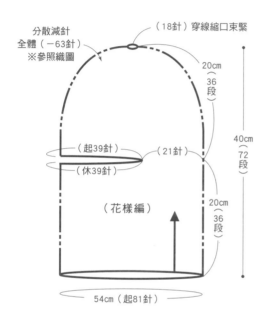

分散減針
全體（－63針）
※參照織圖

（18針）穿線縮口束緊

20cm
（36段）

（起39針）

（21針）

（休39針）

40cm
（72段）

（花樣編）

20cm
（36段）

54cm（起81針）

完成方法

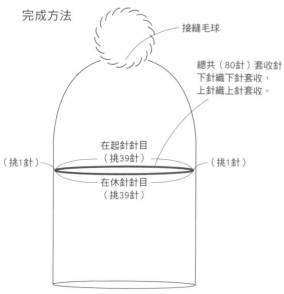

接縫毛球

總共（80針）套收針
下針織下針套收，
上針織上針套收。

在起針針目
（挑39針）

（挑1針）

（挑1針）

在休針針目
（挑39針）

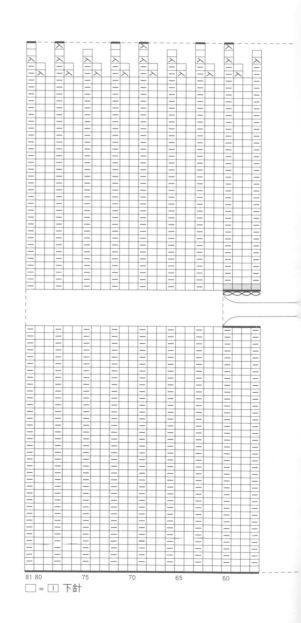

81 80　　　75　　　70　　　65　　　60

□ ＝ Ⅰ 下針

毛球的作法

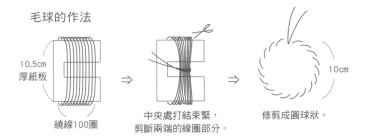

10.5cm
厚紙板

繞線100圈

中央處打結束緊，
剪斷兩端的線圈部分。

修剪成圓球狀。

10cm

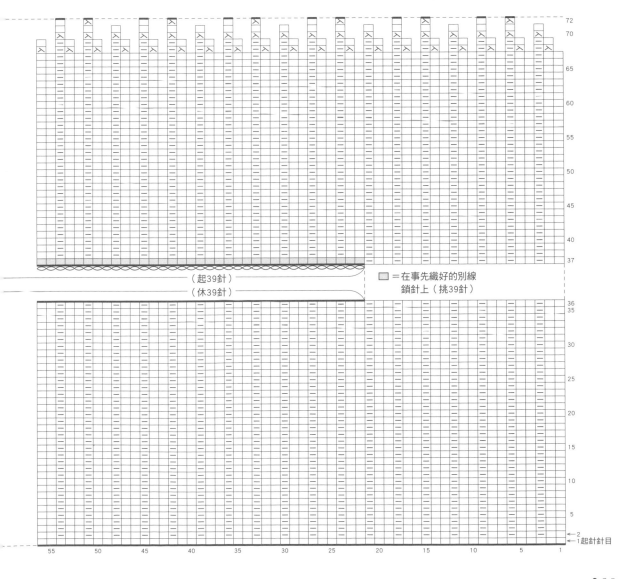

（起39針）
（休39針）

□ ＝在事先織好的別線
鎖針上（挑39針）

艾倫花樣貝雷帽

→ *photo ... P.029*

〔線材&工具〕

Hamanaka ALPACA Marble 紫色系（6）65g

棒針12號、8號

〔完成尺寸〕

頭圍56cm　帽深23cm

〔密度〕

10cm正方形＝花樣編 18針×18段

〔織法重點〕

手指掛線起針80針，頭尾接合成圈，編織8段的一針鬆緊編。加針48針後，進行花樣編。參照織圖，編織帽頂部分的分散減針，收針段的針目穿線後縮口束緊。

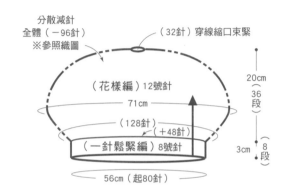

分散減針
全體（－96針）
※參照織圖
（32針）穿線縮口束緊
（花樣編）12號針
71cm
（128針）
（＋48針）
（一針鬆緊編）8號針
56cm（起80針）
20cm（36段）
3cm（8段）

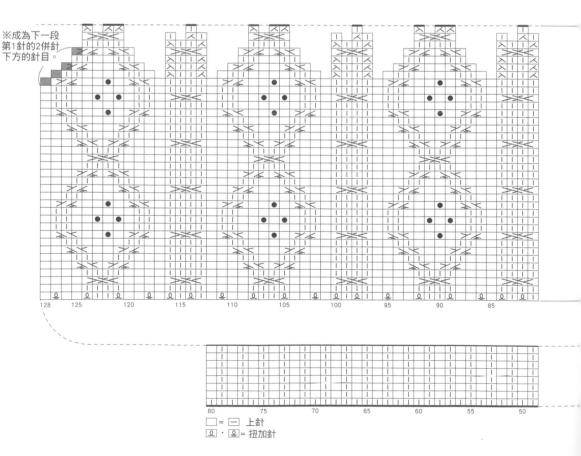

※成為下一段
第1針的2併針
下方的針目。

128　125　120　115　110　105　100　95　90　85

80　75　70　65　60　55　50

□＝ㅡ 上針
Ω・Ω＝ 扭加針

3針3段的玉針

1.

下針 掛針 下針

於1針中編織「下針、
掛針、下針」的加針。

2.

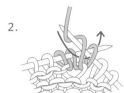

將織片翻面，看著背面在
加針部分編織3針上針。

3.

再次將織片翻回正面，編織中
上3併針。右側的2針不編織，
依箭頭指示移至右棒針上。

4.

第3針織下針。

5.

將事先移轉的2針套在織好的
針目上（完成中上3併針）。

6.

完成3針3段的玉針。

⚟ = 扭加針（上針）
將針目間的渡線挑起，
編織上針。

● = 3針3段的玉針

1組花樣 重複8次

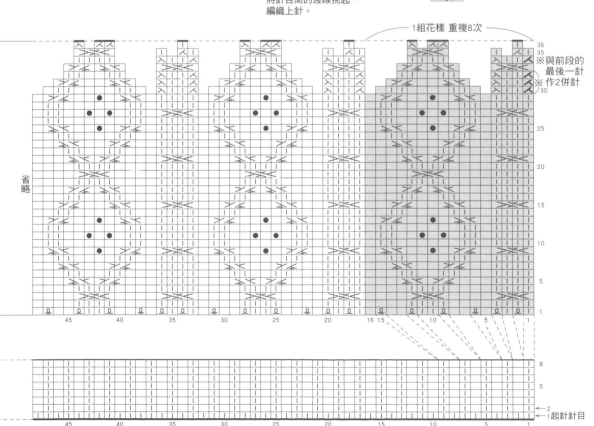

※與前段的
最後一針
※作2併針

省略

起針針目

護耳毛帽

→ photo ... P.030

〔線材&工具〕

Hamanaka Sonomono GRAND 淺褐色（163）40g

白色（161）60g

棒針8mm、15號

〔完成尺寸〕

頭圍52cm　帽深25cm

〔密度〕

10cm正方形＝織入花樣 12.5針×14段、

花樣編A 9針×14段、花樣編B參照織圖

〔織法重點〕

從本體帽口開始編織，手指掛線起針，以淺褐色起66針，頭尾接合成圈，使用15號棒針編織4段一針鬆緊編。接著改換8mm棒針，以橫向渡線編織16段織入花樣。參照織圖於第8段減2針，之後換白色線，依織圖一邊減針一邊編織花樣編A。收針段的針目每隔1針穿線2圈後，縮口束緊。護耳是用淺褐色在起針段上挑針，以8mm棒針編織花樣編B，收針段作套收針。參照圖示，製作護耳上的三股編穗飾即完成。

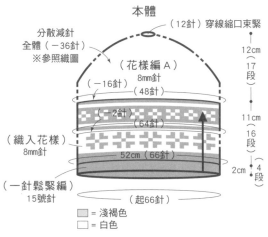

本體

分散減針
全體（－36針）
※參照織圖

（12針）穿線縮口束緊

（花樣編A）
8mm針

（－16針）

（48針）

（－2針）

（64針）

（織入花樣）
8mm針

52cm（66針）

（一針鬆緊編）
15號針

（起66針）

12cm（17段）

11cm（16段）

2cm（4段）

□ = 淺褐色
□ = 白色

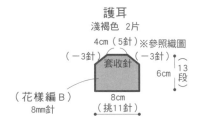

護耳
淺褐色 2片

4cm（5針）※參照織圖

（－3針）　（－3針）

套收針

6cm（13段）

（花樣編B）
8mm針

8cm
（挑11針）

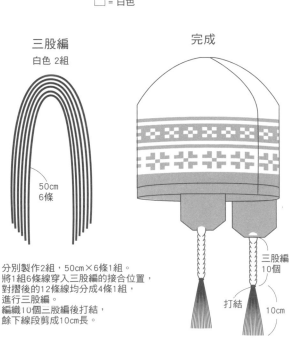

三股編
白色 2組

50cm
6條

完成

三股編
10個

打結

三股編
10個

打結

10cm

分別製作2組，50cm×6條1組。
將1組6條線穿入三股編的接合位置，
對摺後的12條線均分成4條1組，
進行三股編。
編織10個三股編後打結，
餘下線段剪成10cm長。

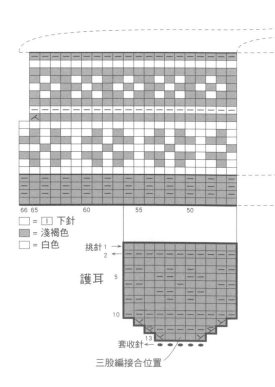

66 65　　60　　　55　　　50

□ = Ｉ 下針
■ = 淺褐色
□ = 白色

挑針 1
2

護耳 5

10

13

套收針

三股編接合位置

※P.45 附口罩的巴拉克拉瓦帽的口罩

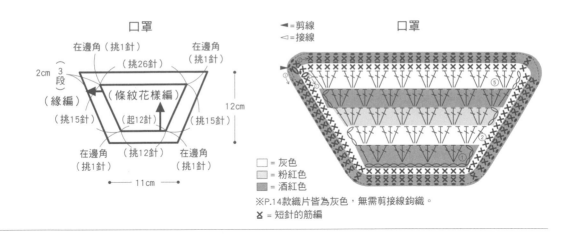

口罩

在邊角（挑1針）
在邊角（挑1針）
（挑26針）
2cm（3段）
（緣編）
（挑15針）
（條紋花樣編）
（起12針）
（挑15針）
12cm
在邊角（挑1針）
（挑12針）
在邊角（挑1針）
11cm

◀ = 剪線
◁ = 接線

口罩

□ = 灰色
□ = 粉紅色
□ = 酒紅色

※P.14款織片皆為灰色，無需剪接線鉤織。
✗ = 短針的筋編

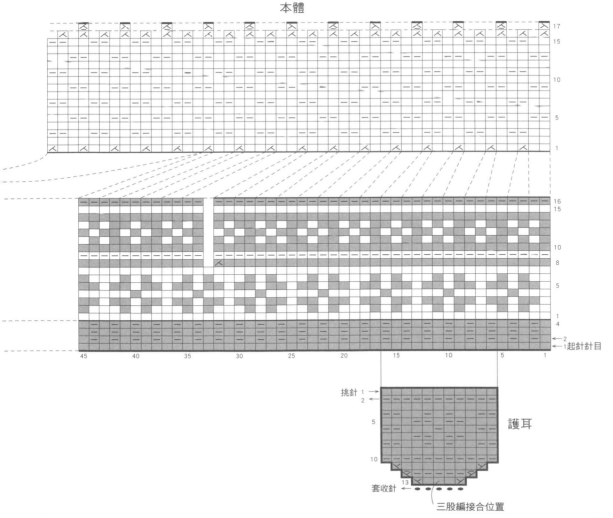

本體

護耳

挑針

套收針

三股編接合位置

起針針目

棒針編織的基礎

手指掛線起針法→輪編

線頭預留約編織長度3.5倍的織線，使用棒針製作起針針目。此時織目若作得過緊，將導致織片邊端形成縐縮扭曲的結果，因此需以織片使用針號再粗1至2號的棒針，製作出稍微寬鬆的針目。

1.
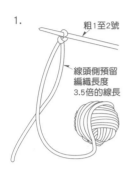
粗1至2號

線頭側預留編織長度3.5倍的線長

2.

線頭側

3.
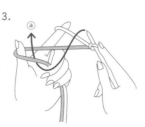

4.
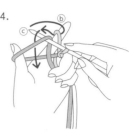
依照a、b、c的順序在棒針上掛線。

5.

鬆開拇指上的織線，再依箭頭指示勾住織線。

6.

稍微收緊織線。

7.
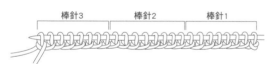
線頭側

重複步驟3至6，製作必要針數。此段針目算作第1段。

起針針目接合成圈的方法 ※以4枝棒針編織時

1.

| 棒針3 | 棒針2 | 棒針1 |

製作必要的起針數，平分至3枝棒針上。

2.
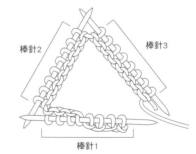
棒針2　　棒針3

棒針1

移動時要注意不可讓針目扭轉，作成三角形後，將第4枝棒針穿入起針的第1針，編織第2段。

帽頂的穿線縮口束緊
※每隔1針穿線2圈，縮口束緊。

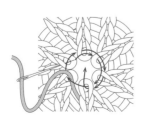

毛線針穿入織線，挑最終段的針目，每隔1針穿線2圈後，縮口束緊。

橫向渡線的織入花樣

織片背面
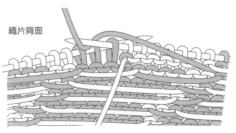

底色線暫休針，以配色線編織，一邊在背面渡線一邊編織花樣。
背面的織線如圖所示，平直地渡線進行編織。

	1.	2.
│ 下針		
─ 上針		
Ω 扭針		
● 套收針 （下針）	覆蓋	編織2針下針，再將 右側針目覆蓋上去。

	1.	2.	3.
Ω 扭加針			
人 左上 2併針	依前頭指示，棒針 由左側穿入2針。	一次編織2針。	
人 右上 2併針	移至右針上的針目 編織 左針上的針目不編織， 移至右針上， 下一針織下針。	覆蓋 將不編織轉移的針目， 套在左側的針目上。	
人 上針的 左上2併針			
人 上針的 右上2併針	位置交錯		

	1.	2.	3.	4.
左上2針與1針交叉	右側的針目1移至麻花針上，置於外側暫休針。	左側的2針目織下針。	麻花針上休針的右側針目1織下針。	

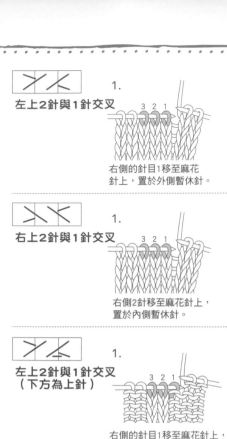
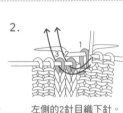
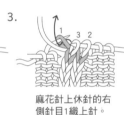
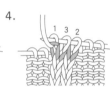

	1.	2.	3.	4.
右上2針與1針交叉	右側2針移至麻花針上，置於內側暫休針。	左側的1針目織下針。	麻花針上休針的右側2針目織下針。	

	1.	2.	3.	4.
左上2針與1針交叉 （下方為上針）	右側的針目1移至麻花針上，置於外側暫休針。	左側的2針目織下針。	麻花針上休針的右側針目1織上針。	

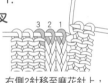

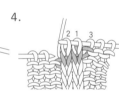

	1.	2.	3.	4.
右上2針與1針交叉 （下方為上針）	右側2針移至麻花針上，置於內側暫休針。	左側的1針目織下針。	麻花針上休針的右側2針目織上針。	

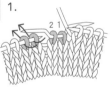
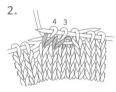
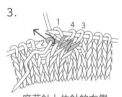
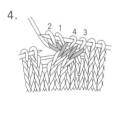

	1.	2.	3.	4.
左上2針交叉	右側2針移至麻花針上，置於外側暫休針。	左側的2針目織下針。	麻花針上休針的右側2針目織下針。	

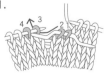
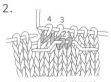
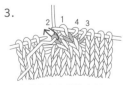
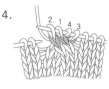

	1.	2.	3.	4.
右上2針交叉	右側2針移至麻花針上，置於內側暫休針。	左側的2針目織下針。	麻花針上休針的右側2針目織下針。	

鉤針編織的基礎

鎖針起針→挑鎖針的裡山　鉤織必要針數的鎖針（參照P.70），挑鎖針的裡山鉤織第1段。

1.

起針針目　立起針的
　　　　　鎖針1針

2.

3.

4.

5.

輪狀起針（手指繞線作輪編）　由中心往外，一圈圈鉤織成圓形的方法（第1段鉤短針的情況）。

1.

在左手食指上繞線2圈。

2.

3.

緊緊地鉤織1針鎖針。

4.

5.

在2條織線上挑束鉤織短針，
織入必要的針數。

6.

稍稍拉動線端。

7.

將步驟6引動的ⓐ線依
箭頭指示往外拉出。

8.
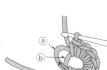
盡量往外拉動ⓐ線，
收緊ⓑ線線圈。

9.
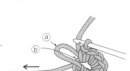
如圖示拉動線端，收緊ⓐ線。

10.

鎖針起針的輪編　鎖針接合成圈，由中心往外一圈圈鉤織成圓形的方法（第1段鉤短針的情況）。

1.

鉤織必要針數的鎖針，
依箭頭指示入針。

2.

鉤針掛線引拔，接合成圈。

3.

將線端移至輪上
鉤織立起針的鎖針1針。

4.

立起針
將鎖針與線端一起挑束，
鉤織必要針數。

5.

挑鉤織起點的針目引拔。

6.

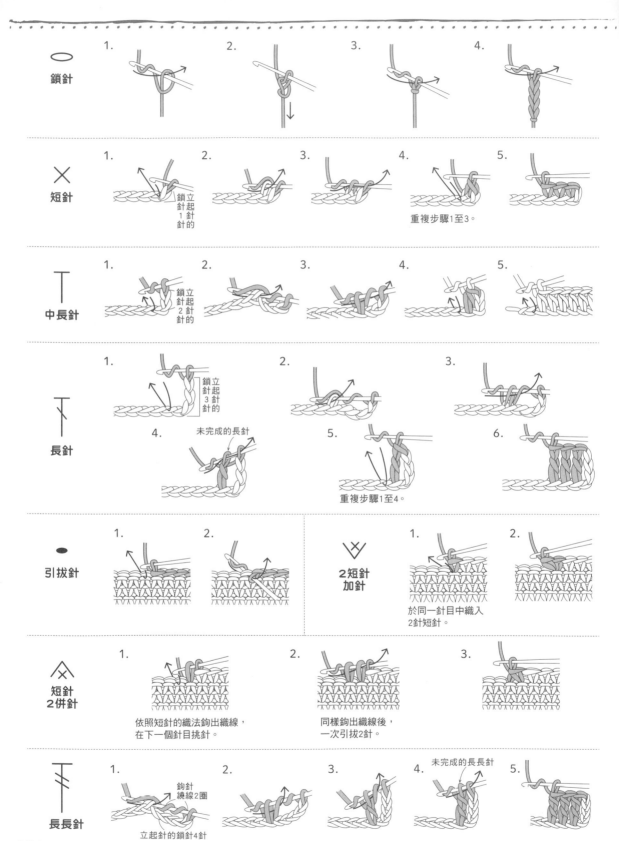

鎖針	1. 2. 3. 4.	
短針	1. 鎖針立起1針的針 2. 3. 4. 5. 重複步驟1至3。	
中長針	1. 鎖針立起2針的針 2. 3. 4. 5.	
長針	1. 鎖針立起3針的針 2. 3. 4. 未完成的長針 5. 重複步驟1至4。 6.	
引拔針	1. 2.	**2短針加針** 1. 2. 於同一針目中織入2針短針。
短針2併針	1. 依照短針的織法鉤出織線，在下一個針目挑針。 2. 同樣鉤出織線後，一次引拔2針。 3.	
長長針	1. 鉤針繞線2圈 立起的鎖針4針 2. 3. 4. 未完成的長長針 5.	

	1.	2.	3.	4.
長針 2併針		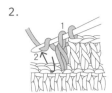	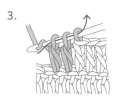	
2長針 加針		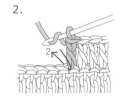	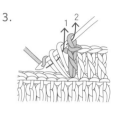	
3中長針的 變形玉針		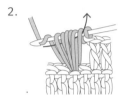		
表引長針	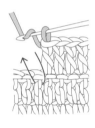	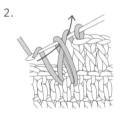	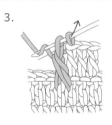	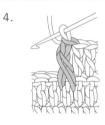
裡引長針		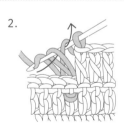	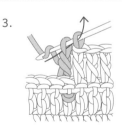	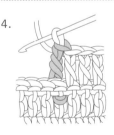

半針目的捲針縫

1.
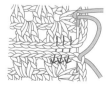

2.
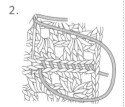

織片的配色（換線方法）

1.

新色線掛於鉤針上。

2.

引拔後繼續進行鉤織。

3.

將線端包裹鉤織。

國家圖書館出版品預行編目資料

新手也能順順織！鉤針＆棒針的粗針織毛線帽 /
日東書院本社編著；彭小玲譯.
-- 初版. -- 新北市：雅書堂文化事業有限公司,
2023.11
　　面；　公分. -- (愛鉤織；71)
ISBN 978-986-302-694-5(平裝)
1.CST: 編織 2.CST: 帽 3.CST: 手工藝
426.7　　　　　　　　　　　112017598

【Knit‧愛鉤織】71

新手也能順順織！
鉤針＆棒針的粗針織毛線帽

作　　者／日東書院本社◎編著
譯　　者／彭小玲
發 行 人／詹慶和
特約編輯／蔡毓玲
執行編輯／詹凱雲
編　　輯／劉蕙寧‧黃璟安‧陳姿伶
執行美編／韓欣恬
美術編輯／陳麗娜‧周盈汝
出 版 者／雅書堂文化事業有限公司
發 行 者／雅書堂文化事業有限公司
郵撥帳號／18225950
戶　　名／雅書堂文化事業有限公司
地　　址／新北市板橋區板新路206號3樓
電　　話／（02）8952-4078
傳　　真／（02）8952-4084
電子郵件／elegantbooks@msa.hinet.net

2023年11月初版一刷　定價380元

KAGIBARI TO BOUBARI DE AMU BOUSHI FUTOI KEITO
DE SUISUI AMERU CHUNKY KNIT
Copyright © Nitto Shoin Honsha Co.,Ltd 2022
All rights reserved.
Originally published in Japan in 2022 by Nitto Shoin Honsha,
Tokyo
Traditional Chinese translation rights arranged with Nitto Shoin
Honsya ,
Tokyo through Keio Cultural Enterprise Co., Ltd., New Taipei City.

經銷／易可數位行銷股份有限公司
地址／新北市新店區寶橋路235巷6弄3號5樓
電話／（02）8911-0825
傳真／（02）8911-0801

STAFF

作 品 設 計／風工房　河合真弓　佐藤文子　marshell
書 籍 設 計／加藤美保子
攝　　　影／いそがいゆう（SEAED）
造　　　型／カワムラアヤ
髮　　　妝／德田好恵
模 特 兒／渡辺イリーナ
執　　　行／鏑木香緒里
基礎頁協力／山口裕子（株式会社レシピア）
編 輯 協 力／小林美穂
編　　　輯／宮崎珠美（Office Foret）

素材協力

Hamanaka 株式會社
〒616-8585
京都府京都市右京区花園薮ノ下町2番地の3
info@hamanaka.co.jp

服裝協力

itocaci
〒531-0071
大阪市北区中津3-20-10
instagram：@itocaci

GEOGRAPHY豊中緑ヶ丘店
〒560-0004
大阪府豊中市少路1丁目6-10
instagram：@geography_toyonaka_official

VIVIAN COLLECTION
〒1070052
東京都港区赤坂八丁目5番40号
PEGASUS AOYAMA 740
URL：https://vivian-collection.jp/